No es un perro

Claudia Guadalupe
Martínez

Ilustrado por
Laura González

Charlesbridge

En los pastizales del desierto, donde una señal en forma de **flecha** apunta al Llano de la Soledad, se encuentra una colonia extensa bajo tierra.

LLANO DE LA SOLEDAD

Ahí nace un perrito llanero.
Este mentado perrito llanero
no es un perro.

Es una cosita sin pelo, que acaricia a su mamá con el **triángulo** de su nariz. Necesita su leche para crecer.

Cuando el perrito tiene dos semanas,
le sale el pelaje. A las cuatro
semanas, abre los ojos. A las
seis semanas, camina.

También crece su apetito. La leche y
el pasto fresco que su mamá le trae
no bastan.

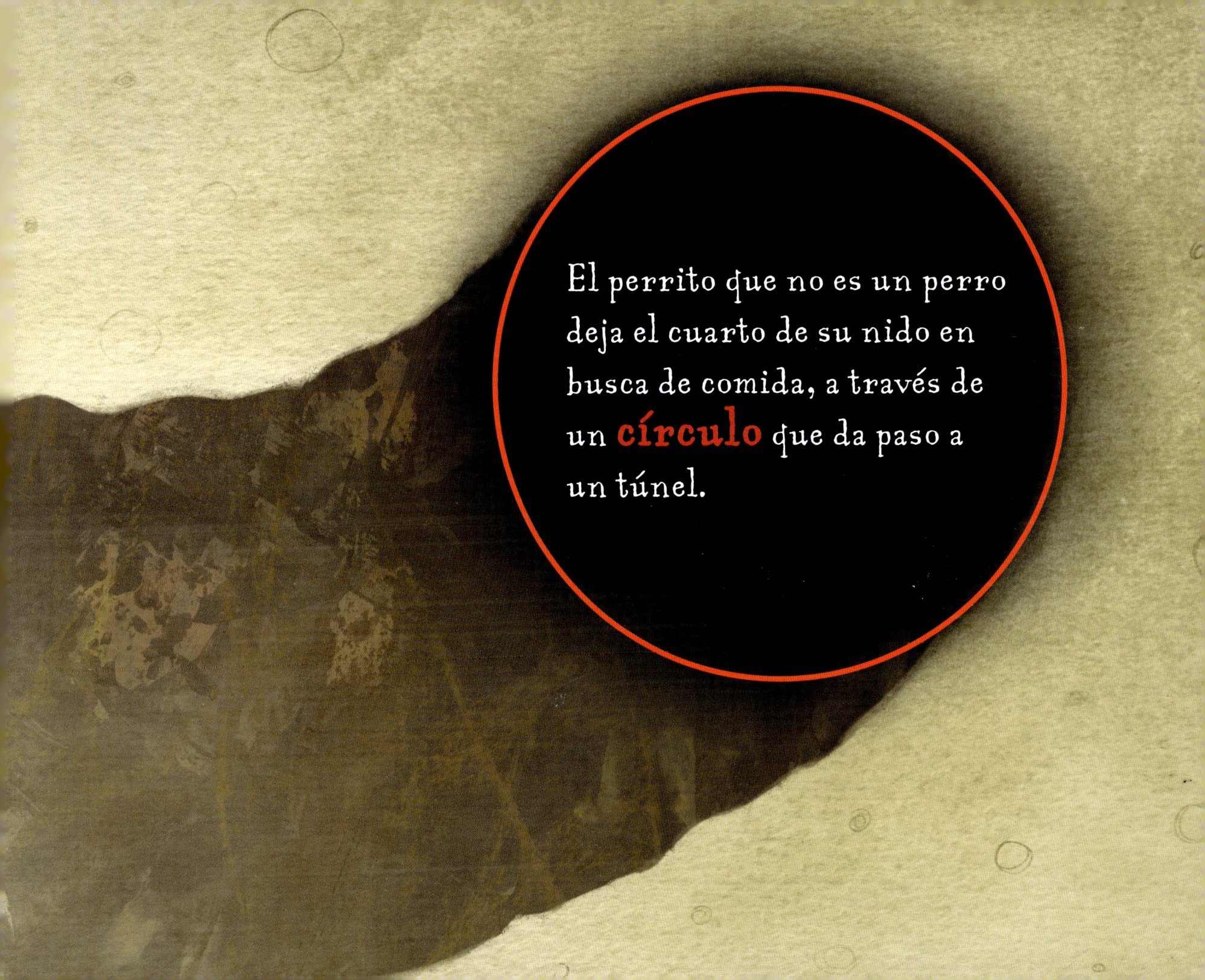

El perrito que no es un perro deja el cuarto de su nido en busca de comida, a través de un **círculo** que da paso a un túnel.

Al otro lado, hay una **cruz** donde cuatro túneles se conectan.

A la izquierda hay un cuarto
para dormir, a la derecha
hay un baño y al frente hay
un cuarto con más cachorros.
El perrito camina hacia ellos.

¡*Yip!* Aunque ladra un saludo,
todavía no es un perro. Es un roedor.

Un cachorro lo abraza. Sus cuerpos forman un **corazón**.

Otro cachorro escarba la tierra.
Como todos los perritos llaneros,
el perrito escarba para extender
su madriguera. Esto también
airea la tierra.

Los cachorros comen pasto y otras plantas con esos **rectángulos** filosos que son sus dientes. Y cuando hacen popó, esta se convierte en fertilizante.

Mientras tanto, los cachorros vigilan contra las amenazas del coyote y del tejón cazando juntos.

Una gran figura oscurece el suelo y el perrito mira hacia arriba. Ve la sombra de un águila hambrienta en el cielo. El águila extiende sus alas majestuosas y se lanza hacia abajo.

¡Yip! El perrito se para y ladra un aviso.

Los cachorros saltan por encima de una roca que parece un **rombo** y escapan a su madriguera. ¡Están a salvo!

A la distancia, varios ojos con forma
de **óvalo** miran a través de las
ventanas de un autobús. Los amigos
y su maestra están atentos.

Según la maestra, los perritos llaneros alguna vez construyeron colonias desde aquí hasta Canadá.

Estas colonias alimentaban y albergaban muchos animales, como chorlos, tecolotes y zorros.

Luego llegaron los campesinos y rancheros a la
pradera con sus máquinas que parecían **lunas**.
Pensando que los perritos amenazaban sus
cosechas y pastizales, destruyeron sus colonias.

Sin los perritos, la hediondilla con flores que formaban **estrellas** empujó sus raíces en la tierra, absorbiendo el agua.

La pradera se marchitó y
el desierto se acercó.

Proteger a los perritos
protegerá a muchos otros animales y
salvará a los pastizales que se encogen.

Los amigos esperan, miran y aprenden mientras el horizonte corta en **semicírculo** al sol.

De vuelta en la escuela, los amigos sacan su papel **cuadrado**. Escriben cartas.

Corren la voz a los ejidos y abogan
por el bienestar de los perritos.

Ahora, donde una señal en forma de flecha apunta al Llano de la Soledad, el perrito que no es un perro no está solo.

LLANO
DE LA
SOLEDAD

Tan lejos como esos ojos con forma de óvalo
alcanzan a ver, hay perritos llaneros y
perritos llaneros y perritos llaneros.

NOTA DE LA AUTORA

El perrito llanero mexicano (Cynomys mexicanus) no es un perro. Es un roedor emparentado a las ardillas. Su nombre proviene de los sonidos que emite, similares a ladridos. Los científicos creen que estos ladridos forman un lenguaje extremadamente complejo. Un ladrido puede alertar acerca de o describir a los depredadores. ¡Los ladridos incluso pueden describir formas!

La vida natural de un perrito llanero mexicano es de tres a cinco años. Las hembras dan a luz a cuatro o cinco cachorros una vez al año. Todas las especies de perritos llaneros (de cola negra, de cola blanca, de Gunnison, de Utah y mexicanos) nacen sin pelo y con los ojos cerrados. Pueden caminar y encontrar su propia comida a las seis semanas. Las plantas que comen son su fuente de agua principal.

Los perritos viven en redes de madrigueras llamadas colonias. Estas colonias antes se extendían por el continente norteamericano. ¡La colonia más grande conocida medía 25,000 millas cuadradas! Pero la población de perritos disminuyó considerablemente durante principio y mediados del siglo XX cuando la gente se mudó al área.

Las personas siguen siendo la mayor amenaza para los perritos. Los ganaderos se preocupan de que los perritos compitan con su ganado por el pasto y los agricultores temen que los perritos se coman sus cosechas. Consideran a los perritos plagas y los eliminan. Debido a esto, los perritos llaneros mexicanos están ahora en peligro de extinción.

En respuesta a esto, el gobierno mexicano designó el Llano de la Soledad como área protegida en 2002. El Llano de la Soledad tiene la mayor población permanente de perritos llaneros en México. Es hogar a más de cincuenta colonias de perritos. Los perritos no están solos aquí. Su comunidad incluye una serie de animales y plantas que dependen de ellos, convirtiendo a los perritos llaneros en una especie clave. Son alimento para depredadores, comparten sus madrigueras con otros animalitos como los tecolotes llaneros y mantienen la vegetación de la pradera.

Para proteger aún más a los perritos llaneros, grupos locales de conservación han establecido prácticas sostenibles de pastoreo para el ganado. Sin embargo, el cultivo de papas sigue siendo una amenaza para los perritos. Una manera de ayudar es apoyar a las empresas y tiendas que obtienen papas de manera sostenible. Educar a otros sobre los perritos también puede ayudar a asegurar que los perritos permanezcan protegidos.

A L. O. otra vez, por pelear la buena pelea—C. G. M.
A mi familia—L. G.

Text copyright © 2025 by Claudia Guadalupe Martínez
Illustrations copyright © 2025 by Laura González
Spanish text copyright © 2025 by Charlesbridge; translated by Claudia Guadalupe Martínez

Charlesbridge • 9 Galen Street, Watertown, MA 02472 • www.charlesbridge.com

Library of Congress Cataloging-in-Publication Data
Names: Martínez, Claudia Guadalupe, 1978– author, translator. | González, Laura, 1984– illustrator.
Title: No es un perro / Claudia Guadalupe Martínez; ilustrado por Laura González; traducido por Claudia Guadalupe Martínez.
Other titles: Not a dog Spanish.
Description: Watertown, MA: Charlesbridge, [2025] | Audience: Ages 3–7 | Audience: Grades K–1 | Summary: "Learn about the endangered Mexican prairie dog. Includes back matter with an author's note about conservation efforts."—Provided by publisher.
Identifiers: LCCN 2024029875 (print) | LCCN 2024029876 (ebook) | ISBN 9781623544928 (hardcover) | ISBN 9781623546038 (paperback) | ISBN 9781632894328 (ebook)
Subjects: LCSH: Mexican prairie dog—Juvenile literature. | Mexican prairie dog—Conservation—Juvenile literature.
Classification: LCC QL737.R68 M3718 2025 (print) | LCC QL737.R68 (ebook) | DDC 599.36/7—dc23/eng/20240731

Printed in China • OPIC
(hc) 10 9 8 7 6 5 4 3 2 1
(pb) 10 9 8 7 6 5 4 3 2 1

Illustrations created in traditional media and Photoshop
Hand-lettering of title by Laura González
Text type set in Aunt Mildred by MVB Design
Designed by Diane M. Earley
Production supervised by Jennifer Most Delaney